奇怪
很可愛 ②

天生就是超級咖

這些動物的驚人祕密

圖文 **新天** · 審訂 南稻

01

不要亂學！
我們可是
有練過的

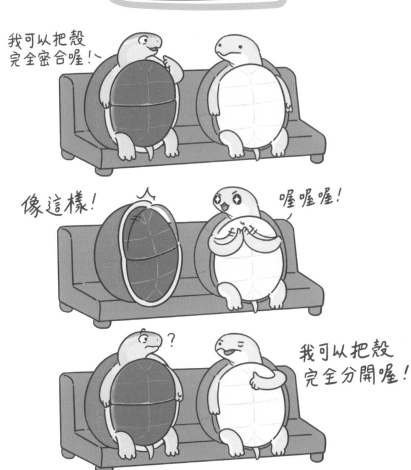

食蛇龜可以把整個龜殼閉起來。

食蛇龜又叫「黃緣閉殼龜」，在受到威脅時，可以靠著牠特殊的腹甲構造，將頭尾與四肢全部收入龜殼裡，並且把腹甲給閉起來。雖然叫做食蛇龜，但主要的食物以果實、葉子與小昆蟲等為主，並沒有吃蛇喔！

胖的時候就別穿太貼身的衣服了，否則會有自取其辱的效果。

河童傳說（誤）

科學家首次見到鴨嘴獸時還以為是有人故意惡搞的。

雖然鴨嘴獸不是河童，但是特異的地方可不比河童少。首先，牠的嘴巴有電磁感應的能力，在水中捕食甲殼動物時，眼睛鼻子都會閉起來，耳朵也聽不到，只會靠偵測獵物發出的電波來定位。另外，雖然牠是哺乳類，但是卻沒有乳頭，乳汁是從腹部的毛孔流出。最後，牠們是少數有毒的哺乳動物，若被雄鴨嘴獸腳後跟的毒刺扎到可是很痛的，小型的動物可是會因此死亡的喔～

你身邊也有這類很愛演、逗大家笑的開心果嗎？

一氣呵成

這就跟推倒骨牌
一樣療癒～=ˇ=

河狸可以利用堅硬的牙齒快速地啃倒一棵樹。

河狸橘紅色的門牙含有鐵質,所以非常堅硬!樹對於草食性的河狸來說,不只是築壩的建材,也是食物。靠著牠特殊的牙齒,不出幾分鐘,就可以啃倒一棵樹。但也許是因為不太會控制樹木傾倒方向的緣故,偶爾也會發現河狸被樹壓死的情況。

叛逆

翠鳥的英文名叫做 Kingfisher！

翠鳥入水捕魚幾乎百發百中，可謂捕魚王者！在超高速入水的時候，眼睛上會有一層保護膜，避免造成傷害。抓到魚之後，會在水中展開翅膀，利用浮力離開水面。由於抓到的魚通常較大，不好入口，所以翠鳥會先將魚在石頭上敲打撞擊一番，確保獵物死掉，再慢慢享用。

量力而為

再下面一點～

蘇湖、

鵜鶘擁有巨大而且伸縮自如的喉囊。

不管是天上飛的、地上爬的、還是水裡游的，只要能夠裝進巨大喉囊裡的，鵜鶘都不會放過，一旦發現可以入口就通通吃掉。但貌似有時也會因為野心太大而失敗的樣子……

雨中漫步

哎呀！
沒帶傘出門

....

沒關係，我們可以一起在雨中漫步～

(好浪漫！)

鴨子會在羽毛上油來防水。

鴨子會用嘴巴把屁屁上皮脂腺分泌的油脂塗滿全身的羽毛，由於油脂為疏水性，因此塗在羽毛上具有超強的防水效果。這樣游完泳把水珠甩一甩就乾了，不用擔心弄濕身體啦。

在細雨中漫步不僅會著涼，
還有可能禿頭，
可不是覺得浪漫就適合常做的事。

（說好的）點到為止

點到為止喔！

袋鼠打架時會用尾巴做支撐，讓兩隻腿同時飛踢出去。

袋鼠有著強而有力的後腿與跳躍力，尾巴還可以作為第三隻腳，讓兩隻後腿同時飛踢出去。雖然牠是草食動物，可不要隨便招惹，不然以其後腿的力量，可輕易地粉碎人類的骨頭。

點到為止的殺傷力，也是要視對手而定。

釜底抽薪

別人嘴裡的肉總是看起來特別香！

蜜獾曾以「世界上最無所畏懼的生物」被收錄於金氏世界紀錄中。

喜歡吃蜂蜜的蜜獾，膽子不是一般大，雖然外觀看起來沒有特別強壯，但靠著聰明的頭腦，總是能找出對方的弱點伺機攻擊，同時也不容易受到蛇毒影響，因此碰到毒蛇猛獸都不怕。但有時也是因為太過於勇猛反而被大型肉食動物獵殺。

冬眠的鱷魚會把鼻子露在冰面上！

惡魔。

某些鱷魚會在湖水結冰前讓鼻子露出水面以保持呼吸。

鱷魚遇到惡劣的環境（例如寒冷或乾旱），會降低代謝，讓自己保持在一種類似冬眠的狀態，好度過難熬的時期。大部分的鱷魚，會挖好洞穴，躲在裡頭度過惡劣的天氣。但如果找不到好場所，也能夠直接在水裡進行，所以高緯度的地區，到了冬天，就可以看到結冰的湖面露出許多鱷魚鼻子的特殊景象。

這就跟中秋節在家裡聞到巷口的烤肉香一樣折騰人 Q_Q

靠張嘴

變色龍舌頭居然可以延伸到身長的兩倍！

不要看變色龍平時行動緩慢，牠的舌頭可是累積了十足的彈性位能，蓄勢待發。在捕食時，能將舌頭迅速彈出，從靜止加速到時速 100 公里只需 0.01 秒！

使盡渾身解數，在最後關頭奮力一搏還是有機會的，所以就算快到終點，也不可以鬆懈喔～

NOKIA 3310

山羊會藉由激烈的碰撞來贏得交配的權利。

不只雄山羊會頭碰頭地打架，某些種類的雌山羊也會喔～通常打贏的一方會獲得交配的權利，或得到地盤。由於其特殊的頭骨構造，即使撞擊猛烈，山羊仍鮮少在過程中發生致命的傷害，頂多是小擦傷而已。

現在的電子產品壽命越來越短，實在很不環保。不過就算 NOKIA 3310 再耐用，處在只支援 4G 和 5G 的環境，也只能光榮退役了。

輸贏

小食蟻獸在威嚇時會以大字形站立。

小食蟻獸除了那對爪子，就只剩這樣雙
腳站立的姿態可以威嚇敵人了，連牙齒
都沒有，實際上自保能力滿弱的……由
於只吃螞蟻，熱量來源比較不足，所以
食蟻獸也是體溫特別低的哺乳動物之
一，藉此降低新陳代謝、減少耗能。

窒息的愛

海豚會故意去戳河豚來獲得快感。

河豚身上帶有的毒素會導致橫隔膜麻痺而造成呼吸困難，河豚毒素是人類已知數一數二致命的神經毒素，只要非常微量就能致人於死。然而海豚非但不怕，還會微量攝入當成迷幻藥來吸！

好孩子不要學喔！

企鵝的奧妙

我要成為企鵝科學家！（？）

國王企鵝大便含有笑氣，大量吸入會導致幻覺。

國王企鵝的便便含有大量的一氧化二氮，也就是所謂的笑氣，更是造成暖化嚴重的溫室氣體。另外，某些企鵝大便時，直腸內的壓力是人類的四倍，可以讓便便噴飛 40 公分。若吃很多磷蝦的企鵝，大便的顏色會是粉紅色，吃很多銀魚，大便就會是藍色，科學家會用南極的衛星照片，藉由藍色或紅色的分布狀況，分析企鵝的族群分布。除此之外，企鵝大便過的地方冰層更容易融化，可以作為牠們之後孵蛋的場所。企鵝大便還真是學問多多。

意義

為了生存，生物的每個行為背後，都有它的意義...嗯？

皺皺~
看這邊~

...

鰻魚~~

近年偶爾會發現鰻魚卡在僧海豹鼻孔的案例。

科學家目前還不知道為什麼近年來夏威夷的年輕僧海豹會陸續出現海鰻卡在鼻孔的現象與機制。有人猜測可能是海豹在覓食的時候鰻魚誤闖，也有人猜想也許是某種年輕海豹之間的流行……不論如何，由於這樣的狀況可能導致水跑進海豹的肺裡，所以希望還是別再發生了。

用鼻子吃麵不稀奇，看我表演用鼻子吃鰻魚飯（？）

非賣品

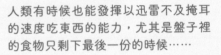
人類有時候也能發揮以迅雷不及掩耳
的速度吃東西的能力，尤其是盤子裡
的食物只剩下最後一份的時候……

青蛙利用液壓的原理將舌頭快速射出。

青蛙的舌頭上層有黏質蛋白可以用來沾
附獵物，舌頭肌肉間空隙充滿了水，當
發現獵物時，可以利用液壓的原理讓平
時捲起的舌頭快速而精準地射出。不但
如此，舌頭可以觸及的角度還十分廣闊
多變喔！

愛情召喚陣

雄性白斑河豚會藉由沙畫來吸引雌性產卵。

在日本奄美大島有一種白斑河豚,會花一周的時間,在海底打造直徑為自己身長 20 倍的巨大圓形沙畫,像是海底的麥田圈!但河豚這麼做的原因不是為了藝術,而是為了吸引雌性。沙畫特殊的沙丘構造使得中央留下了細緻的沙,雌性便在此產卵。

錯誤示範

海龜會將塑膠袋誤認為水母而誤食 Q_Q

海龜因為表皮和口腔一直延伸到胃，都有一層厚厚的角質保護著，所以不怕水母的刺絲胞，只要閉上眼睛，就能夠對水母大快朵頤。不過塑膠袋泡在海中久了之後，會沾附許多微生物和海藻，不論是造型還是氣味，都對海龜有高度的吸引力，所以非常容易被誤食。

垃圾減量，重複使用不亂丟，
是保護所有海洋生物的不二法門～

飛鴿傳書

厚厚～等待已久的回信終於到了！

期待～
期待～

（已讀）

飛鴿傳書，主要靠的是鴿子的歸巢能力。

鴿子由於有歸巢的能力，所以古時候就開始利用這個特性，訓練鴿子幫忙送信。這樣的特性也衍生出賽鴿的活動，不過為了提高鑑別度，比賽的難度常常調到非常高，會把鴿子載到遙遠的海上再放出，能順利返家的鴿子通常寥寥無幾，所以這種會傷害小動物的活動還是應該要避免。

這種回信，
比起已讀不回
還更令人不悅！

最省力的方法

老鷹會利用上升氣流來滑翔。

有時會發現，老鷹不用拍動翅膀，也能停在空中，甚至往上攀高，這是由於老鷹利用上升氣流來滑翔，以達到省力的目的。善於滑翔的鳥類，翅膀也會比其他種鳥類的翅膀來得大，便於增加氣流與自身的接觸面積。

3D 列印

袋熊便便竟然是方形的！

袋熊靠其特殊的腸道構造可以擠壓、
型塑出立方體的便便，一天可以生產
將近 100 顆，至於為何是方形的呢？
科學家猜測袋熊可能會堆便便來標記
自己的領域，方便便相較於圓便便，
不易滾動可堆疊，當然方便。

袋熊先生的好意
我就心領了……

除了蝙蝠，海豚、抹香鯨、鼩鼱、馬島蝟、老鼠，以及一些生活在洞穴中的鳥類也有這項絕活。

蝙蝠靠快速收縮喉部的肌肉發出超音波，再利用耳朵接收回聲來偵測物體。

體型大的蝙蝠大部分其實是靠視覺，而不是利用超音波定位。但小型的蝙蝠就如同大家所知，會藉由快速收縮喉部的肌肉，從鼻子或嘴巴發出超出人類聽覺範圍的超高頻聲波（有些超過十萬赫茲），再藉由耳朵接收回聲來偵測物體。連五公尺外一公分的物體都可以精準分辨出來！

英雄氣短

寶貝不怕不怕，
有我緊緊抓住妳...

啊
啊
啊
啊
啊

weeee~

海獺睡覺時會牽著彼此來避免被海流沖走。

海獺睡覺時會把長在海床上的海帶纏在身上，並多隻手牽著手，防止自己被海流沖走。海獺媽媽覓食時，也會用海帶把小海獺綁在身上，當作固定用的背袋。同時海獺來也是保育海帶的重要功臣，因為牠會把大量蠶食海帶的海膽吃掉，是幫助固碳*的大功臣。

* 編按：指吸收或儲存二氧化碳，減少其在大氣中的濃度，植物的光合作用即是一例，海洋生態系中的植物也貢獻良多。

相形見絀

跳得再賣力，
還是敵不過我們歐巴的魅力啊～♥

小掩鼻風鳥會甩動翅膀來展現激烈的求偶舞。

鳥類的求偶花招非常多元，有的展示身上華麗的羽毛、有的鳴唱出美妙的歌聲、有的送禮物給母鳥、有的親手打造一個堅固舒服的窩，另外還有一群，就是跳出華麗的求偶舞。以跳舞求偶的鳥類，最著名的就是天堂鳥了，另外還有黑背信天翁、長尾嬌鶲、紅頂嬌鶲，和本篇的主角小掩鼻風鳥。

紫禁之巔

你們不要再打了！要打去練舞室打！

想用這台詞很久了,ㄏㄏ

別吵！

蜜蜂會用舞蹈來向同伴傳遞食物位置訊息。

蜜蜂著名的8字舞，裡面蘊藏豐富的訊息。工蜂從外採完蜜回巢後，會邊搖屁股邊繞圈給同伴看，依據搖屁股的時間長短、跳舞的路徑，以及身體與地心引力的夾角，告知同伴食物的距離和方位，十分奧妙。

袋鼠跳著跑，一跳可以遠達 9 公尺！

袋鼠雖然高高的，感覺動作應該不會很靈活，但是靠著牠強健的肌肉，不只武打能力一流，移動的高度和速度也不遜色，一跳可以遠達 6 到 9 公尺（紅袋鼠的金氏世界「跳遠」紀錄是 12.8 公尺），時速高達 56 公里。

唯一適合袋鼠運送的可能是手搖飲，配料加到杯子裡，封好膜，等袋鼠送到，飲料也混勻了～

集體暴斃

是,下週開學,謝謝提醒。

...

蝦米,您說延期!?

負鼠媽媽一胎可以生下十多隻小負鼠！

負鼠媽媽一胎可以生下好幾隻小負鼠，有時候甚至會超過乳頭的數量。但因為負鼠媽媽只有 13 個乳頭，很難一次照顧到所有的負鼠寶寶。此外，負鼠可以號稱裝死界的影帝，遇到危險會立刻躺在地上、吐出舌頭、眼睛半閉，最久可以撐到將近 6 個小時！

疫情真的為不少家長帶來困擾呢。

夠了喔 (唱 N 遍 3...)

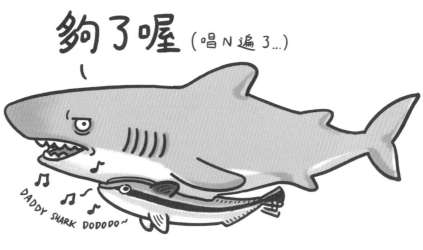

鮣魚會利用頭部的吸盤貼在其他生物身上搭便車。

頭部的吸盤貼在物體表面後，還會利用吸盤內特殊的皺摺構造把水擠壓出去，形成真空狀態，真的是黏很緊啊！除了搭便車外，還會撿大魚吃剩的食物。

> 一直到現在，這首歌的旋律還會不時浮現在腦海裡，揮之不去……（囧）

嘎蹦脆

一根枝子很容易折斷　嘎蹦脆！

但如果是一大捆...

還是嘎蹦脆！

成年的河馬咬合力強，而且十分具有攻擊性。

河馬的咬合力雖然不敵灣鱷，但可能是咬合力最強的草食動物，127 公斤／平方公分的咬合力、40 公里的奔跑時速配上非常差的脾氣，不僅攻擊人類致死的案件頻傳，連鱷魚都要退避三舍，是非常危險的動物。

敷衍

我演奏得
還不錯吧？

簡直天籟！

是吧是吧！

哈哈哈！

浣熊表示：所以只是
數衍我而已嗎！

蛇沒有耳朵。

蛇沒有外耳與鼓膜，僅能靠下顎接收地
面的震動，因此蛇並沒有辦法聽到像人
類感受到的旋律聲。蛇之所以看起來會
隨著弄蛇人的吹笛起舞，事實上只是因
為看到笛子在面前晃來晃去而進入警戒
狀態。

沒有盡頭的比賽

海馬的移動速度很慢很慢……

雖然海馬長得很奇特，但牠可是不折不扣的魚類，不過在演化的過程中，型態變得和常見的魚天差地遠。海馬雖然移動速度比蝸牛還慢，但是獵食的速度卻很快，牠的脖子像彈簧一樣，可以讓頭部快速射出，在獵物來不及反應之前快速靠近，再把小甲殼類吸進口中。

這張圖的原圖在網路上獲得廣大的迴響，你找到源頭啦！

02

It's
show time!
看我們
爭奇鬥豔

三·色·豆。

小時候覺得三色豆很難吃，
長大了之後還是覺得三色豆很難吃。

針鼴的嘴巴十分迷你，而且沒有牙齒。

針鼴長得和刺蝟很像，牠的嘴巴很
小，也沒有牙齒，主要靠長長的、帶
有黏性的舌頭捕食螞蟻或白蟻維生。
食物入口後，會利用舌頭後方壓碎。

讚美

鴕鳥有雙水汪汪的大眼～

比小腦袋還大！

謝謝讚美～

鴕鳥擁有著陸地生物中最大的眼球。

兩顆眼球重量約 60 公克，直徑 4～5 公分，單顆眼球就佔了頭部 1／3 的體積，因此能夠識別 3.5 公里範圍內的物體。但是腦卻比眼珠還小，連重量都比較輕……

話沒聽清楚前不要得意得太早。

雖然紅鶴很美，但鴨鴨也很可愛呀～
要對自己有信心，不用成為別人，
做自己就好。

小鴨說得對，紅鶴羽毛原來是白色！

在牠們攝食的浮游生物和藻類中含有
一種叫類胡蘿蔔素（carotenoids）的橘
紅色色素，才讓紅鶴的羽毛變得如此
鮮紅。若其食物中的色素沉積不足時，
紅鶴新長的羽毛會再變回白色。

愛美不怕流鼻水

我喜歡的鞋型，

套在我的腳型...

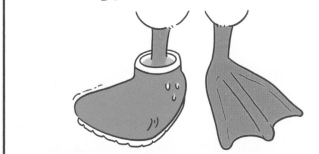

鵝啊啊啊啊！

鵝的上下喙有鋸齒狀的構造。

這不是牙齒，而是齒狀喙喔。方便用來切斷草葉、藻類等食物，但也有研究認為這樣的柵欄式結構，可以在覓食小魚、浮游生物時，協助把食物從水中濾出。不但如此，鵝的舌頭上還有倒鉤，可以防止入口的東西掉出來。

請務必小心
不要被鵝咬到。

這是藝術

當設計師問你：
「是否願意嘗試大膽的風格？」

請勇敢說...

不。

今晚我想來點芝心菠蘿起司雙倍還要加鳳梨謝謝～

孔雀開屏除了求偶外，也有嚇阻敵人的作用！

雄孔雀繽紛的尾羽不只是展示給雌性看的，同時也是和其他雄孔雀互尬的時候使用。另外當在野外遭遇到危險，孔雀也會開屏，用尾羽上眼睛狀的花紋威嚇對方。下次到鳥園，不妨穿得繽紛一點，激起雄孔雀的競爭意識，說不定就可以順利看到孔雀開屏囉～

明目張膽

看似優雅的蛇鷲其實是以毒蛇為獵物的猛禽。

這種非洲特有的優雅鳥兒，具有修長的美腿和美麗的冠羽及尾羽，說牠像老鷹，更像鶴，但不要被外表欺騙，牠們是把兔子和毒蛇都視為獵物的猛禽。那雙長腿不僅非常有力，可以踐踏獵物，還帶有厚厚的鱗片，完全不怕毒蛇的獠牙攻擊。

飛鼠四肢間相連的皮膚薄膜延長了滑翔時滯空的時間。

飛鼠又稱鼯鼠，能在樹梢間滑翔，最遠可達 150 公尺。但並不像鳥類或蝙蝠有飛升的能力，僅藉著撐開四肢之間相連的皮膚薄膜延長滯空時間，另外可以用尾巴控制方向。台灣俗稱飛鼠的動物有三種，分別是大赤鼯鼠、白面鼯鼠和小鼯鼠。

遇到變態絕對不要隱忍，
大聲喊出來就對了！

**帽帶企鵝脖子底下有一道看似帽帶的
黑色條紋。**

帽帶企鵝脖子底下有一道黑色條紋，
特徵十分明顯，再搭配上頭頂的黑色，
看上去就像是戴了一頂黑色西瓜皮安
全帽的企鵝。想要看到這群可愛的小
傢伙可以到海生館喔～

安全帽的帶子記得要繫緊，
不然風大或車速快的時候
就會吃苦果了……

互補

雙峰駱駝比單峰駱駝更能負重。

單峰駱駝源自於中東和非洲，已在野
外絕跡，腳比較長，身體較輕，行走
速度較快。雙峰駱駝源自亞洲中西
部，較耐寒，負重能力也比較好。

邏輯

焦急

聯集～

交集！

傘蜥在遇到威脅時不但會撐開頸部的傘狀薄膜，還會靠著後肢站起來快速奔跑。

傘蜥在受到驚嚇時會將頸部由舌骨支撐的薄膜展開，並張大嘴巴嚇阻敵人，接著……就靠著雙腳快速逃跑啦！傘蜥沒有毒，更別說像電影裡那樣噴出毒液了，平常個性溫和，主要是靠吃昆蟲維生。

交集聯集補集差集，且、或、A 屬於 B、B 屬於 C、A 屬於 C，都弄清楚了嗎？

視線交匯

尷尬...

尷尬...

鳥類靠靈活地調整
脖子來維持視覺的穩定。

提到鳥類頭部的防震能力，其實許多動
物都有視覺穩定的機制，因為當沒有視
線晃動的干擾，才能夠更精準地辨識獵
物、競爭對手或捕食者。差別在於，人
類是靠轉動眼球來達到視覺穩定，而鳥
類因為視覺極為發達，眼球也特別大，
所以佔滿了整個眼眶，能轉動的幅度就
小了許多，因此要達到視覺穩定，就只
能靠靈活的脖子了。

沒有脖子

吾乃吸血鬼,畏懼吧!

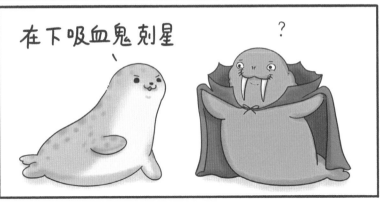

在下吸血鬼剋星

可以收起脖子~
(來吸血啊笨蛋!)

海豹有著非常厚的皮下脂肪，縮起來看似沒有脖子。

至於要如何區分海豹、海獅、海狗和海象呢？海豹沒有外耳，也沒有可以在陸上行走的後肢和脖子（誤），海獅和海狗都有，不過海獅的臉較長，雄性脖子處有一圈毛，海象則有長長的牙齒～

但縮起脖子可擋不了蚊子！

To Be Continued

雄性大角羊的角重量可達身體其他骨頭的總重。

大角羊的角是永久性的，不會脫落，雄性的角可重達 14 公斤，跟全身的骨頭一樣重，用來對抗捕食者和爭奪交配權。但若是長的角度不正確，有可能會影響進食，導致餓死，或甚至插入自己的頭部而導致死亡。

在路上還是留意一下周遭事物比較好喔，別只顧著滑手機呀。

三帶犰狳可以捲成一個球喔～

三帶犰狳是唯一可以捲成完整球狀的犰狳，在牠厚重的盔甲下是柔軟的腹部與毛，遇到敵人時會快速捲成球狀保護腹部，讓敵人束手無策。不同於其他犰狳的是，三帶犰狳不太會自己挖洞，而是傾向使用食蟻獸廢棄的坑洞。

長吻鱷有著極為修長的吻部～

長吻鱷長長的嘴巴既是優點也是缺點，優點是這樣可以更容易咬住獵物，但缺點就是長吻鱷的咬合力沒有其他鱷魚強，啃食獵物時沒辦法像其他鱷魚那樣大快朵頤。短吻鱷閉嘴時只有上排牙齒露出，長吻鱷則是上下排牙齒都會露出來。

人太多的時候還是搭下一班電梯吧～

水溫適當

煮熟的螃蟹變得紅紅的是因為蝦紅素！

螃蟹和蝦子因為甲殼中含有蝦紅素，在煮熟之後，由於其他色素都被破壞，只剩下蝦紅素，所以看起來就變得紅通通的了。不過螃蟹的腹部並沒有蝦紅素分布，因此就算煮熟也還是白白的。

Go Surfing!

耶嘿!

大象會用鼻子來吸水。

大象喝水時會先用鼻子吸水，然後再放入口中。由於大象鼻孔的半徑比較大，所以鼻孔的吸力大約是人類的 16 倍，一秒可吸入將近 4 公升的水！不過用鼻子吸水是需要練習的，有時會看到象寶寶為了喝水，整個在水裡倒栽蔥。

逗貓棒

不過因為大食蟻獸的毛又粗又硬，
如果被尾巴搧到，
應該也不是什麼值得開心的事……

大食蟻獸有著巨大且蓬鬆的尾巴～

大食蟻獸體長最多可以超過兩公尺，
為了覓食方便，演化出細長的頭部、
鼻子和舌頭，嗅覺也很靈敏，另外，
蓬鬆巨大的尾巴也十分醒目。尾巴除
了可以遮陽擋雨，休息的時候還兼有
寢具的功能。

焕然一新

有機會好想要親眼看看這隻神奇的大鳥～

英文名叫 Shoebill 的鯨頭鸛有個鞋子般的大鳥喙。

鯨頭鸛有一副非常醒目、像荷蘭木鞋般的大鳥喙，其咬合力也相當驚人，喜歡的食物是小鱷魚還有肺魚。不要看牠舉止呆萌呆萌的，還會跟人互相鞠躬，在自然環境中生存的鯨頭鸛可說是非常的強悍。

**水獺屬於社會性動物，會使用叫聲
與肢體動作來與同伴溝通。**

知道怎麼分別水獺、海獺和河狸嗎？
水獺的尾巴比較細長，是捕魚高手，
生活在淡水，台灣的金門甚至還有野
生的水獺。海獺則是生活在海上，尾
巴成湯匙狀，常常看到躺在水面上抱
著寶寶或用石頭敲貝殼的就是牠。河
狸尾巴則最扁平，是擅長築水壩的工
程師。

貓奴也是被這種主子外表的
萌樣給迷惑住了，殊不知下
一秒就莫名挨了一爪。

不行

如果在戶外很幸運地看到穿山甲，不妨靜靜觀察牠，不要因為太興奮而嚇到人家喔～

穿山甲生活在低海拔的森林，因此滿容易遇到。

夜行性的穿山甲全身覆蓋著鱗片，吃螞蟻，所以跟食蟻獸一樣，雖然沒有牙齒，但有著又細又長的舌頭。遇到危險的時候跟犰狳一樣會捲起來，把柔軟的腹部用鱗片保護住。

馴鹿不論雌雄都有角喔～

沒錯，和其他鹿相較之下馴鹿有個很奇特的點，那就是雌雄馴鹿都有角！角的特徵是前後分兩大叉，後叉比較大。那麼幫聖誕老人拉雪橇的馴鹿應該是雄的還是雌的呢？偷偷跟你說，雌鹿和雄鹿換角的季節是不同的～雌鹿換角的季節在四到五月分，雄鹿則是十一到十二月分，也就是冬季的時候，這樣答案是不是很明顯呢？

所以《獅子王》裡最受母獅歡迎的雄獅其實不是辛巴，而是刀疤！？

烏黑茂密的鬃毛才是讓母獅動心的關鍵。

比起金黃色的鬃毛，野外的母獅其實更喜歡黑色的喔。因為通常不健康的獅子，鬃毛的顏色才會變褐、變黃，所以擁有一頭茂密黑髮的雄獅才是母獅的心頭好。也因為比較容易吸熱，所以要體力夠好的雄獅才撐得起一頭濃密的黑髮。

臭味相投

北極熊有著特別濃烈的腳臭。

由於冰天雪地的北極沒有什麼物體可以用來留存氣味，因此北極熊掌有特別大的汗腺，方便留存氣味在地上。公北極熊對發情母熊的腳臭尤其有著更明顯的反應，會藉此來尋覓配偶。

下次如果遇到有人故意把腳伸過來，請告訴他，這裡不是北極。

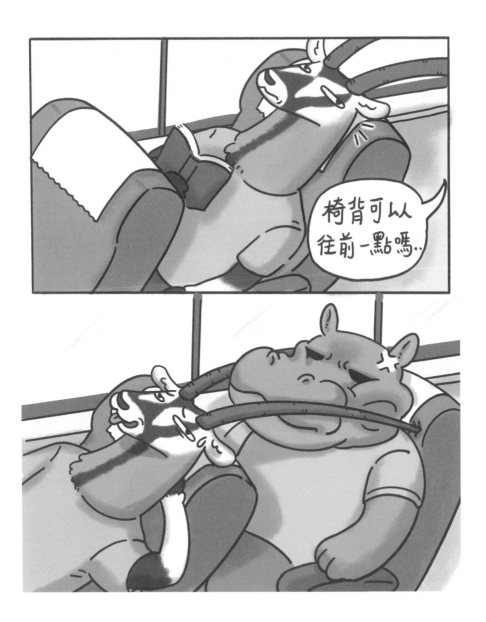

劍羚不論雌雄皆有著又直又長的大角～

劍羚不論雌雄都有對又直又銳利的大角，
是保護自己以及雄性之間爭奪配偶權的
利器。生活在非洲的劍羚，非常耐旱，
能夠好幾天不喝水，還能讓自己的體溫
上升、高於環境溫度，這樣熱量就會自
然流向空氣，不需要透過流汗來散熱囉。

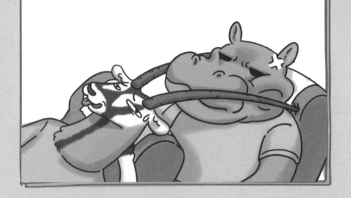

錦囊妙計

豪豬的刺不但長，而且容易脫落。

豪豬的刺也是一種角質，從肌肉組織
長出，很容易脫落，可以重複生長。
有倒鉤，所以會牢牢嵌進試圖攻擊牠
的動物身上。不過聰明的動物還是可
以順利捕食豪豬，只要想辦法把豪豬
翻過來，攻擊牠柔軟的腹部。或是逮
住牠之後有耐心地把刺去除，即可順
利攻陷這種不好惹的動物。

人心情不好時就像豪豬一樣，
這時候為了避免被刺還是閃遠
遠的比較好～

大角鹿的鹿角可以長到近四公尺！

愛爾蘭麋鹿，又稱大角鹿，從角的起始到末梢，居然可以長到 3 ～ 4 公尺長，是目前已知的鹿中最長最大的鹿角。這樣宏偉的生物真的好想要親眼看看，可惜的是牠們已經在幾千年前就滅絕了，想要看只能坐時光機回到過去囉。

所以吃屎也不一定是壞事（？）

兔子便便一顆一顆圓圓的，還富含維生素。

健康的兔子除了一般呈現乾乾圓圓的大便，還會排出一種濕濕軟軟黏成串、長得像葡萄的「盲腸便」。這種大便通常一大出來就會被兔子自己吃掉，算是兔子的另一種消化方式，內含牠們自己製造的維生素 B 和 C，也有豐富的益菌，十分營養。

一口就好

可以讓我嚐一口嗎？
一口就好～

特殊的下巴構造讓蛇類可以吞下比自己體型還大的獵物。

蛇的下頜為兩塊分離的骨頭,因此在吞下獵物時可以被撐開,加上在頭骨周邊特殊關節的輔助之下,令蛇類的兩顎能張開至足以把整頭獵物吞進口中。在食物塞入口中後,會靠著大量分泌唾液和全身的肌肉將食物往體內推。由於肋骨並沒有被胸骨串聯起來,所以可以張得很開。這些特殊的構造,都讓蛇類可以順利吃下比自己體型還大的獵物。

不知道針鼴是不是很羨慕蛇蛇呢?

03

嚇到了吧！很多你們不知道的小祕密

本末倒置

接下來...看看今天有啥好料～

浣熊喜歡洗手或洗食物不是因為愛乾淨。

牠們十分依靠手部觸覺來辨識物體，浣熊前爪的觸覺神經數量高出大部分的哺乳動物四到五倍。並且前爪浸泡在水裡時觸覺會變得更為敏銳，所以就產生了浣熊什麼東西都要放入水中感覺一下的習性。

不過吃垃圾食物前還是要洗手喔。

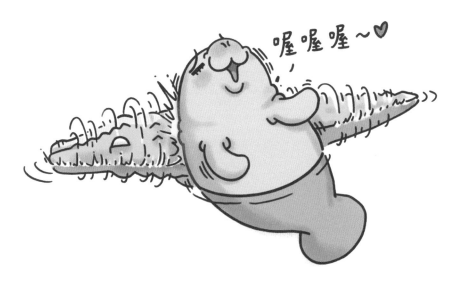

鱷魚和成年的海牛可以和平共存。

在美國的佛羅里達州的水域，可以看到海牛與鱷魚和平相處在同個環境的情況，儘管鱷魚看似兇猛，但牠們鮮少會去攻擊成年的海牛，有時甚至可以看到鱷魚和海牛共游的情況，鱷魚有時還會攀附在海牛身上搭便車。

本末倒置

其實兔子不能食用大量的胡蘿蔔。

常常看到故事書和卡通裡的兔子卡滋卡滋啃著胡蘿蔔，好不痛快，但其實兔子不能只吃胡蘿蔔，如果吃太多的話，不僅會造成腹瀉，甚至有可能致命喔！至於兔子的眼睛是紅的也跟胡蘿蔔沒有關係，單純是因為白兔的虹膜沒有顏色，所以微血管的紅色顯露出來罷了。

除了雪人臉上的胡蘿蔔，兔子應該也滿想吃掉稻草人吧？

鴕鳥心態

其實鴕鳥遇到敵人並不會把頭埋在沙裡⋯⋯

鴕鳥的大腿強而有力，被踢到後果可能
不堪設想！鴕鳥的跑速也很快，幾乎跟
一匹馬的跑速差不多，因此，遇到危險
時只有兩種選擇——攻擊或逃跑。根本
不需要為了逃避強敵把頭埋進沙裡。

當你看到我們把頭
埋進沙子裡⋯⋯
你就知道大難臨頭
啦！（設計對白）

136

虎落平陽

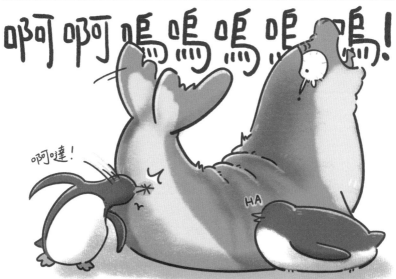

菊花殘～滿地傷～
你的笑容已泛黃
（？？？）

海豹在水中是企鵝的天敵。

企鵝最大的天敵就是海豹，但健康的
企鵝多數時候都能在海豹追上之前
離開水中。因為海豹在陸地上無法行
走，只能慢慢爬。

洗眼睛

靈感來自朋友生活圈的經驗……是說防
疫很重要，但也不需要弄得緊張兮兮嘛，
盡人事聽天命，期待疫情退散的那天～

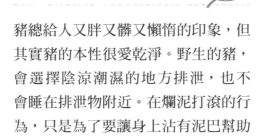

豬其實很愛乾淨喔～

豬總給人又胖又髒又懶惰的印象，但
其實豬的本性很愛乾淨。野生的豬，
會選擇陰涼潮濕的地方排泄，也不
會睡在排泄物附近。在爛泥打滾的行
為，只是為了要讓身上沾有泥巴幫助
散熱，並防止蚊蟲叮咬。

裡應外合

其實埃及鴴並不會幫鱷魚清潔口腔，鱷魚本身就會很頻繁地換牙齒。

小時候常常聽到有鳥兒會幫鱷魚剔牙這樣的共生關係，這種鳥叫做埃及鴴，但事實上，埃及鴴並不如傳說中的會替鱷魚清理牙齒。倒是鱷魚有強大的再生能力，一輩子牙齒可以一組換過一組，就算沒刷牙也完全不是問題，蛀掉換一顆新的就搞定。

身為人類，既然沒有本事一直長新的牙齒，還是好好保持清潔吧。牙痛不是病，痛起來不只要人命，還很花錢。

海獅十分聰明。

海獅和海狗不同於海豹,都擁有外耳和適合在陸上走動的後肢。海獅很聰明,加上前肢可以把前半身垂直撐起來,所以接受訓練後就能靈活表演玩球,因此海洋世界常見的表演動物主要就是海獅。

呼籲盡量不要去看動物的馬戲或雜耍表演,參與其中的動物違反其天性,被迫長期接受不人道的訓練、並承受與人類互動造成的壓力,對動物是非常不人道的喔~

老虎是游泳好手（所以落水也沒關係）。

老虎其實並不怕水，不但如此，老虎還是天生的游泳健將，靠著牠發達的肌肉與虎掌，可以輕易地在水裡游走，曾有一天游 29 公里渡河的紀錄。

男生被問到這種問題的時候，大概自我了斷比較快。

其實刺蝟會游泳喔～

刺蝟雖然會游泳，但游泳並非刺蝟賴以生存的必須技能。因此有些刺蝟會願意為了覓食而跋山涉水，但也有些刺蝟滴水不碰，畢竟太常在水裡，可能洗掉刺蝟皮膚上的天然油脂。所以刺蝟的飼主不要因為覺得可愛就強迫刺蝟下水。

原來是偽裝成刺蝟的玉子握壽司呀～

仙杜瑞鴨

其實鴨子並沒有那麼專情⋯⋯

鴨子的繁殖季在冬季,這時通常牠們會和同個配偶在一起度過,但在夏季的時候分開,於下次繁殖季時又去尋找新的配偶。這樣⋯⋯算是季節性專情?

合體

在人為的環境下，獅子和老虎會生出獅虎。

獅子和老虎在野外的生活環境不同，自然情況下是不可能交配的，但是因為人類的好奇心，刻意促成了獅虎（獅爸爸虎媽媽）和虎獅（虎爸爸獅媽媽）的誕生。牠們的體型可以非常巨大，遠超過父母，也容易因基因缺陷而有骨骼變形、神經受損等症狀，過於巨大的身體也會加劇這些先天疾病的惡化。人類產製了一生如此痛苦的生命，是很不人道的，希望未來不要再有這樣的事情發生。

獅虎又稱「彪」，稱個子高壯的人為彪形大漢可謂十分貼切。

引狼入室

虎鯨雖然名字有個「鯨」字，但牠可是海豚科的喔！是很厲害的團體捕食者，連鯊魚、鳥類和游泳中的駝鹿都有可能成為牠們的食物。

虎鯨會設法獵捕在浮冰上休息的海豹。

虎鯨分布的海域很廣，從赤道至南北極都有，群居，聰明，會合作捕食，有的族群只吃魚類，有的則專門捕食海洋哺乳動物。位於食物鏈的頂端，唯一的天敵就是人類造成的棲地改變和環境汙染，已被登錄為瀕危物種。

宇宙膨脹

根據觀測，我們的宇宙在持續膨脹！

又增胖了！

無尾熊需要盲腸內共生的微生物菌叢來消化樹葉～嗝！

無尾熊能夠利用尤加利樹葉作為主食，完全歸功於位在牠們盲腸的微生物協助分解。因此剛離乳的小無尾熊，要轉大人的第一步，就是要吃到媽媽大出的盲腸便，藉此獲得分解尤加利樹葉的微生物，以培養自己的腸道菌叢。

有動物園在測量無尾熊寶寶體重時，真的會讓牠抱著樹幹喔～真的是超可愛的。

鐵漢柔情

貓奴不分種族，
有貓就給讚！

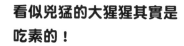

看似兇猛的大猩猩其實是吃素的！

電影《金剛》的原型大猩猩，其實是純素主義者，主食是葉子。又分為棲息在雨林的低地和山地大猩猩，前者才會爬到 20 公尺高的樹上尋找食物。大猩猩 12 歲才成熟，這時候背部的毛髮會變為灰白色的，又被稱為銀背，尚未成熟的大猩猩則被稱為黑背。不論公母大猩猩都會敲擊自己的胸膛，牠們可以憑藉捶胸聲的頻率判斷遠方猩猩的體型大小，是一種交流方式。

面惡心善

哼哼～ 決定今晚 吃什麼了...

迴轉壽司！

雨傘節有著黑白相間的條紋。

雨傘節雖然是台灣毒性相當高的蛇，但卻十分膽小，若不是遇到生死關頭，絕不會主動咬人。通常人類看到牠的下一秒，雨傘節就一溜煙地跑掉了。如果逃不掉，甚至還會捲成一圈，把頭埋在裡面，來個眼不見為淨呢。所以在野外遇到雨傘節不用害怕，只要默默離開就可以囉。

迴轉壽司雖然可以增加進食的樂趣，不過若上游坐了一個大食客，那下游的人可就慘了⋯⋯

情不自禁

其實月圓與狼嚎並沒有特別的關係。

嚎叫確實是狼群溝通的方式之一，因此通常一隻狼開始嚎叫時，其他的同伴也會跟著呼應。儘管這樣的行為和月亮沒有特別關係，卻有很多其他生物行為和月亮有關喔，舉凡珊瑚的產卵、石斑魚和鱟的交配、非洲糞金龜的定位，和人類睡眠等等，都有受到月亮盈虧的影響～

不好意思各位，
我實在太入戲了⋯⋯

對牛彈琴

不知道如果是重金屬或是黑死樂，對牛會有什麼影響？

聽音樂有助於增加乳牛的泌乳量。

在農場放音樂給牛聽已不是新聞，聽音樂能減緩乳牛感受到的壓力，由於壓力會抑制催產素（Oxytocin）的分泌，因此減緩壓力後的乳牛泌乳量便增加了。所以牛不只聽得懂音樂，也許還很喜歡呢，特別是古典音樂。

鼾聲雷動

棕熊冬眠時常常會醒來。

像刺蝟這種真正進行冬眠的生物，進入冬眠可以長達幾個月都不會醒，但是棕熊的狀態不算是冬眠，整個冬季牠還是會斷斷續續地翻個身醒來幾次，體溫也不會降到這麼低，並且感受得到外界的動靜。冬眠的行為目的是幫助動物度過環境惡劣的時期，降低能量消耗，以因應覓不到食的危機。所以在熱帶地區，缺水缺糧、特別熱的幾個月，也會有動物進行夏眠喔！

以身作則(?)

犀牛的視力不佳。

角的正前方是盲區，而且還是個色盲……但別擔心，犀牛還是可以靠著優異的嗅覺和聽覺來感知危險，彌補視覺上的不足。

這麼近是要鬥雞眼才看得到吧!?

狐獴會站在高處警備，偵查是否有外敵。

狐獴是少數會群體分工的動物，有的負責育幼、有的負責在高處偵查猛禽、有的負責生育。但這些工作是輪流的，並不是特定工作就永遠是特定幾隻狐獴負責。

Don't panic

遇到麻煩?

別慌

用笑容來克服吧!

小食蟻獸的毛色看起來像是穿了黑色運動吊嘎～

說到小食蟻獸的毛色花樣，大家一定會想到穿著黑色運動吊嘎的經典造型。但是你知道嗎？除了運動吊嘎的造型外，也是有全白、全黑、或是全灰等沒有穿吊嘎的造型喔！

虛擬實境

聲光效果再逼真，還是比不上真實體驗
帶給人的感動，所以偶爾也離開電視、
放下手機，親近身邊的人事物吧～

其實金魚的記憶力遠遠不止七秒。

金魚的辨色力比人類還厲害。人類的眼
睛只能區分紅、黃、藍，金魚卻能多看
出紫外光，這項能力有助於牠在水中尋
找食物，也認得出主人。所以時常餵飼
料的人靠近水缸，金魚就知道要靠過
去，別再說人家記憶力不好囉！

恍然大悟

有些蜜蜂會在花裡休眠。zzz

蜜蜂採粉和採蜜的時間，取決於蜜源
植物花粉的潮濕度和流蜜的量。天氣
太冷、下雨或是晚上，花朵不開，也
不流蜜，所以是蜜蜂的休息時間。大
中午的氣溫太高，花粉被曬得乾乾的，
難以沾附在蜜蜂的腳上，所以也是休
息時間。不過夏季的蜜蜂比較忙碌，
所以壽命的確比冬天
的蜜蜂短很多。

想吸引蝴蝶嗎？不妨在身上撒點鹽吧（？）

蝴蝶圍繞著鱷魚是為了攝取鹽分。

蝴蝶也需要補充鹽分喔！但是要找到鈉等礦物質的來源實在不容易，而鱷魚的眼淚中含有鹽分（跟人一樣），因此才造成鱷魚頭上停了滿臉蝴蝶的奇景。

紅包拿來

其實牛是色盲。

牛其實是色盲，並不能分辨紅色。鬥牛士使用紅布激怒牛的原因是由於不斷晃動，而不是因為紅色。使用紅色只是對觀眾有刺激的效果罷了。

長大之後就算說再多恭喜發財也沒有紅包可以拿了呢⋯⋯

浣視眈眈

樹洞是野生浣熊的好居所～

浣熊擁有靈敏的手掌，也十分擅長爬樹，因此野外的樹洞常常就成為了浣熊們躲避天敵的好居所。浣熊媽媽一次可以生下很多隻浣熊寶寶，所以當你經過浣熊棲息的樹叢，很可能會看到樹洞裡有很多雙閃閃發亮的小眼睛正好奇地盯著你看。

儘管可愛但還是不要隨意餵食野生動物喔～

虛驚一場

斑點臭鼬在放屁前會先倒立。

臭鼬遇到襲擊或驚嚇時，肛門腺會噴出一種帶有腐敗味道的液體，射程可達三公尺遠，所以準確來說應該不是「放屁」而是「放液」。此外，斑點臭鼬在射出臭液前會先倒立來嚇阻敵人，告訴對方：「我要放屁囉！不要逼偶！」

本性難移

狗狗會藉由撒尿來標示地盤和溝通。

非生理性的狗狗尿尿有多種含意，這種排尿通常尿很少。最為人所知的就是用來標示地盤，這時狗狗會盡量把腳抬高，讓尿液可以留在比較高的地方，以防止被其他狗狗的尿液蓋過去。另外作為一種抒壓方式，狗狗緊張時也會排尿。還有一種功能是用來溝通交流，尤其是發情期的母狗，尿液中的氣味帶有吸引公狗的訊息。

當膀胱快爆炸的時候，總覺得下一個休息站的距離遠在天邊。

接殺

犀牛角的主要成分為角蛋白，與指甲差不多。

因為人類認為犀牛角具有療效，並且是身分地位的象徵，因此導致野生的犀牛不斷被盜獵者殺害、走私，造成犀牛數量銳減。其實犀牛角的成分跟人的指甲差不多，不要再迷信了，一起抵制犀牛角的買賣，別讓這麼特別的生物從野外消失了。

速度的極限

獵豹是陸地上最快的哺乳動物。

陸地上跑得最快的動物非獵豹莫屬，瞬間時速可以高達近 100 公里，但接下來可不是羚羊或是馬，而是鴕鳥！而且如果不侷限在路上跑的，許多鳥類的移動速度都比獵豹快得多，甚至包含鴿子和一種蝙蝠。而飛得最快、也是移動速度最快的生物則是游隼，最快的俯衝紀錄可是時速389公里呢！

致 謝

謝謝我親愛的家人、在創作的路上

不斷給予我鼓勵與支持；謝謝編輯

團隊的努力，讓事情總是可以順暢

地進行；謝謝金奇小隊長，爲本系

列作品擔任文字整理，豐富了本書

的內容。如果這本書有為你帶來笑

容，請給他們來點掌聲吧～

國家圖書館出版品
預行編目 (CIP) 資料

我很奇怪但很可愛. 2：天生就是超級
咖：這些動物的驚人祕密 / 新夭著. --
初版. -- 臺北市：遠流出版事業股份有
限公司, 2022.11

　　面；　公分

ISBN 978-957-32-9789-5（平裝）

1.CST: 動物學 2.CST: 通俗作品

380　　　　　　　　　111015802

天生就是超級咖
這些動物的驚人祕密

我很奇怪但很可愛 2

圖　　文｜新夭
審　　訂｜南稻
總 編 輯｜盧春旭
執行編輯｜黃婉華
行銷企劃｜鍾湘晴
美術設計｜王瓊瑤

發 行 人｜王榮文
出版發行｜遠流出版事業股份有限公司
地　　址｜台北市中山北路 1 段 11 號 13 樓
客服電話｜02-2571-0297
傳　　真｜02-2571-0197
郵　　撥｜0189456-1
著作權顧問｜蕭雄淋律師
ISBN　｜978-957-32-9789-5

2022 年 11 月 1 日初版一刷
2023 年 8 月 15 日初版二刷
定　　價｜新台幣 399 元
（如有缺頁或破損，請寄回更換）

遠流博識網
http://www.ylib.com
Email: ylib@ylib.com